蝴蝶的
秘密生活

〔西班牙〕罗赫尔·比拉 著

〔西班牙〕雷娜·奥尔特加 绘

刘岁月 译

严莹 审定

译林出版社

图书在版编目（CIP）数据

蝴蝶的秘密生活 ／（西）罗赫尔·比拉著；（西）雷娜·奥尔特加绘；刘岁月译. —— 南京：译林出版社，2023.10
ISBN 978-7-5447-9852-5

Ⅰ.①蝴… Ⅱ.①罗… ②雷… ③刘… Ⅲ.①蝶－普及读物 Ⅳ.①Q964-49

中国国家版本馆 CIP 数据核字（2023）第142083号

Text © Roger Vila, 2022
Illustration © Rena Ortega, 2022
Originally published in 2022 under the title "Vida Secreta de las Mariposas" by Mosquito Books Barcelona, SL.
Simplified Chinese edition arranged through Ye ZHANG Agency.
Simplified Chinese edition copyright © 2023 by Yilin Press, Ltd
All rights reserved.

著作权合同登记号　图字：10-2022-151 号

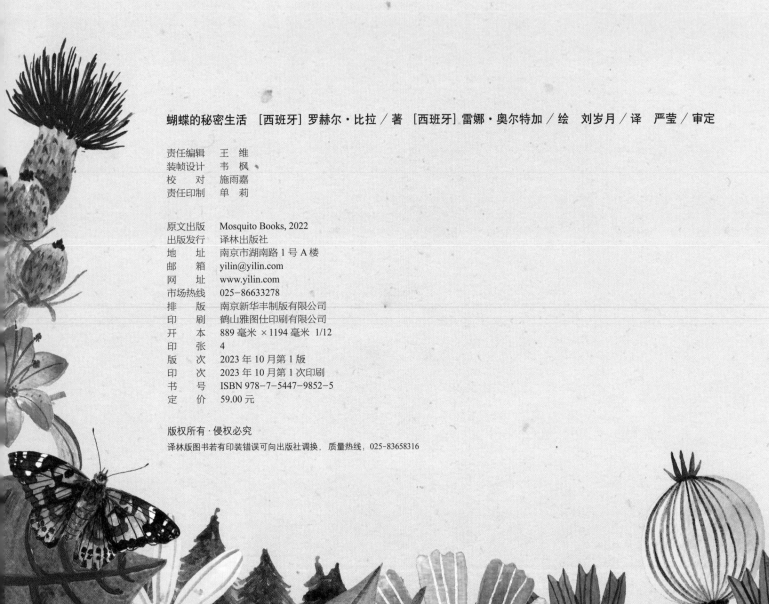

蝴蝶的秘密生活　［西班牙］罗赫尔·比拉／著　［西班牙］雷娜·奥尔特加／绘　刘岁月／译　严莹／审定

责任编辑　王　维
装帧设计　韦　枫
校　　对　施雨嘉
责任印制　单　莉

原文出版　Mosquito Books, 2022
出版发行　译林出版社
地　　址　南京市湖南路 1 号 A 楼
邮　　箱　yilin@yilin.com
网　　址　www.yilin.com
市场热线　025-86633278
排　　版　南京新华丰制版有限公司
印　　刷　鹤山雅图仕印刷有限公司
开　　本　889 毫米 ×1194 毫米　1/12
印　　张　4
版　　次　2023 年 10 月第 1 版
印　　次　2023 年 10 月第 1 次印刷
书　　号　ISBN 978-7-5447-9852-5
定　　价　59.00 元

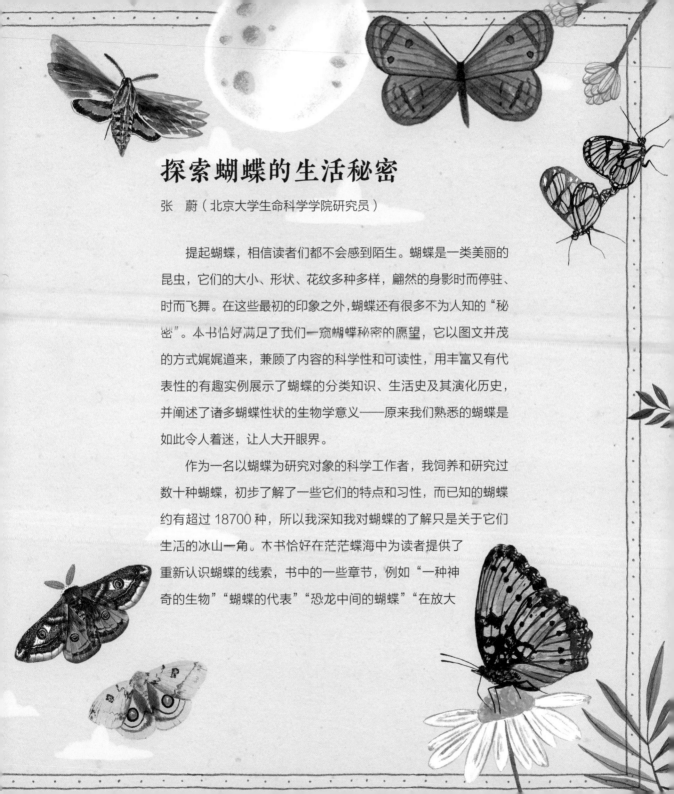

探索蝴蝶的生活秘密

张　蔚（北京大学生命科学学院研究员）

提起蝴蝶，相信读者们都不会感到陌生。蝴蝶是一类美丽的昆虫，它们的大小、形状、花纹多种多样，翩然的身影时而停驻、时而飞舞。在这些最初的印象之外，蝴蝶还有很多不为人知的"秘密"。本书恰好满足了我们一窥蝴蝶秘密的愿望，它以图文并茂的方式娓娓道来，兼顾了内容的科学性和可读性，用丰富又有代表性的有趣实例展示了蝴蝶的分类知识、生活史及其演化历史，并阐述了诸多蝴蝶性状的生物学意义——原来我们熟悉的蝴蝶是如此令人着迷，让人大开眼界。

作为一名以蝴蝶为研究对象的科学工作者，我饲养和研究过数十种蝴蝶，初步了解了一些它们的特点和习性，而已知的蝴蝶约有超过 18700 种，所以我深知我对蝴蝶的了解只是关于它们生活的冰山一角。本书恰好在茫茫蝶海中为读者提供了重新认识蝴蝶的线索，书中的一些章节，例如"一种神奇的生物""蝴蝶的代表""恐龙中间的蝴蝶""在放大

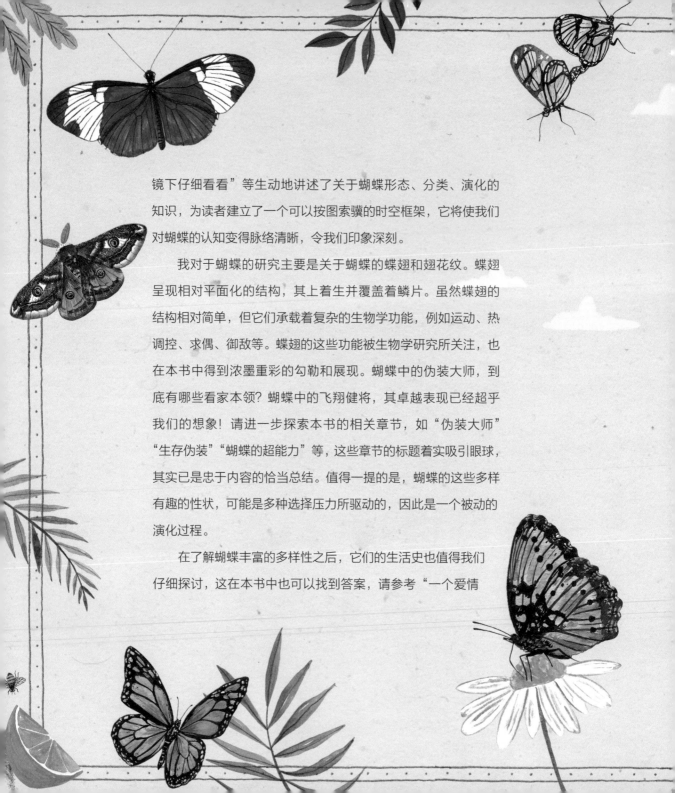

镜下仔细看看"等生动地讲述了关于蝴蝶形态、分类、演化的知识，为读者建立了一个可以按图索骥的时空框架，它将使我们对蝴蝶的认知变得脉络清晰，令我们印象深刻。

我对于蝴蝶的研究主要是关于蝴蝶的蝶翅和翅花纹。蝶翅呈现相对平面化的结构，其上着生并覆盖着鳞片。虽然蝶翅的结构相对简单，但它们承载着复杂的生物学功能，例如运动、热调控、求偶、御敌等。蝶翅的这些功能被生物学研究所关注，也在本书中得到浓墨重彩的勾勒和展现。蝴蝶中的伪装大师，到底有哪些看家本领？蝴蝶中的飞翔健将，其卓越表现已经超乎我们的想象！请进一步探索本书的相关章节，如"伪装大师""生存伪装""蝴蝶的超能力"等，这些章节的标题着实吸引眼球，其实已是忠于内容的恰当总结。值得一提的是，蝴蝶的这些多样有趣的性状，可能是多种选择压力所驱动的，因此是一个被动的演化过程。

在了解蝴蝶丰富的多样性之后，它们的生活史也值得我们仔细探讨，这在本书中也可以找到答案，请参考"一个爱情

故事""卵""蝴蝶的幼虫""蛹"等章节。蝴蝶是完全变态发育的昆虫，在幼虫阶段大多取食寄主植物，而当羽化成蝶进入了成虫阶段，可能又扮演传粉昆虫的角色；在这些过程中，蝴蝶还可能作为天敌的食物。因此，蝴蝶既充当掠食者又被捕食，在食物链中扮演着重要的角色，经常被作为衡量生态系统整体情况的指标。本书在介绍上述概念的同时，也揭示了气候变化和人类活动等因素可能对蝴蝶带来的影响，这在"蝴蝶很重要""拯救蝴蝶"等章节中得到了体现。至此，本书奏响的蝴蝶交响乐进入尾声。见微知著、一叶知秋，了解蝴蝶的生活，也将启发我们思考人与自然的关系。

让我们开启快乐的阅读时光，一起探索蝴蝶的生活秘密吧。

全世界有 20 万种以上蝶蛾，它们是除了甲虫以外最多的昆虫，也是人们最常看到和观察到的昆虫。本书用唯美的插画和生动的文字展示了蝶蛾的形态特征、生命历程和生态习性，让我们重新发现和认识这些美丽、多样又脆弱的生命，选择用更友好的方式与它们相处。

—— 严莹　科普作家、中国科普作家协会会员

作为一名多年研究"蝴蝶多样性"的科普工作者，我一口气读完了这本图文并茂的《蝴蝶的秘密生活》，书中对多种蝶类、蛾类的生活做了栩栩如生的展示，让人有一种对其进一步探究的冲动。这是一本适合青少年和儿童的科普读物，我推荐给大家，希望大家喜欢。

——张松奎　中华虎凤蝶自然博物馆馆长、《中华虎凤蝶生态图鉴》作者

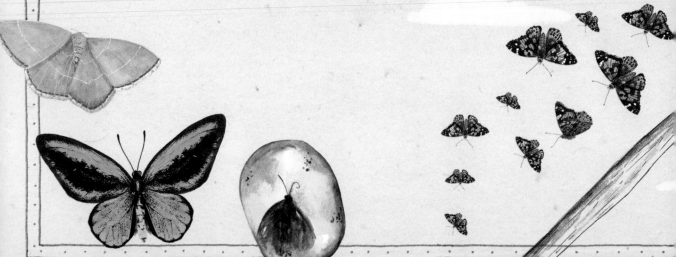

致我亲爱的女儿萨比纳和迪亚纳，她们在那么多次探险中陪我一起研究蝴蝶。真希望继续跟她们一起去探索，去发现，去惊叹。

——罗赫尔

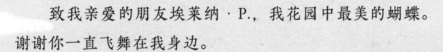

致我亲爱的朋友埃莱纳·P.，我花园中最美的蝴蝶。谢谢你一直飞舞在我身边。

——雷娜

一种神奇的生物

想象一下，有一种动物竟有四个不同的生命阶段：它每隔一段时间便会改头换面，简直像换了个物种。它拥有不可思议的能力：看到的颜色比我们多，能感受到气压，感知到北极磁场，闻到一千米之外的气味……它能在你的眼前突然消失……或伪装自己，吓你一大跳。它能在数千米的高空中飞行，飞越地球上最高的山脉，飞越海洋和最干燥的沙漠。

它能在雪下冰冻数月后依然存活。

想象一下，有一种动物曾与恐龙共存……它的生命力极其顽强，恐龙灭绝之后，它依然存活了下来。

因此，如今你走到野外还能见到它！

没错，这种神秘的生物真实存在，它还有许多的秘密。本书将向你解释这一切，所以，如果你想要揭开它的身份，并对这种生物更加了解，就继续往下读吧。

界：动物界

门：节肢动物门

亚门：六足亚门

纲：昆虫纲

下纲：新翅下纲

总目：内翅总目

目：鳞翅目
— 凤蝶总科（俗称：蝴蝶）
— 其余总科（俗称：飞蛾）

蝴蝶的代表

凤蝶科

通常体形很大，颜色鲜艳，有尾突，擅长飞行。

弄蝶科

体形通常较小，颜色暗淡，飞行时翅膀振动很快。

粉蝶科

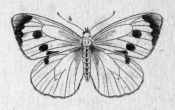

典型的粉蝶，以白色或黄色居多，体形中等。

蛱蝶科

蝴蝶各科中种类最为多样的一类，通常为大型或中型，棕色或橙色的偏多，一些种类翅上有眼斑。

蚬蝶科

形状各异、颜色丰富的小型蝶种。绝大多数种类生活在南美洲的热带雨林中。

灰蝶科

小型蝶种，有一些种类是蓝色的，一些种类有小尾突。

飞蛾的代表

卷蛾科

这个科的飞蛾是众多鳞翅目昆虫中的一员，体形较小。

裳蛾科

中型或大型飞蛾，有些种类颜色醒目。醒目的颜色用于警告捕食者它们有毒。

夜蛾科

种类最多的飞蛾科类，多为中型或小型，休息时会将翅膀折叠。

尺蛾科

休息时翅膀完全张开，幼虫爬行时身体会屈伸弓起。

天蛾科

翅膀较长的大型飞蛾，飞行时像蜂鸟一样。

天蚕蛾科

体形最大的飞蛾，通常有大眼斑和尾突。

恐龙中间的蝴蝶

蝴蝶的历史极其悠久。它们已经存在了一亿多年！你能想象它们在恐龙之中翩翩起舞吗？那时候的蝴蝶体形并不庞大，外形也不怪异，跟现在的蝴蝶十分相似。它们看上去很脆弱，却在恐龙灭绝后存活了下来。可惜的是，由于人类的活动，有些蝴蝶如今已经灭绝。

德拉巴沃蚬蝶

一些蝴蝶被困在史前树木的黏性树脂中，这些树脂变成了琥珀。琥珀中封存的蝴蝶属于德拉巴沃蚬蝶。大约 2000 万年前，这些蝴蝶被加勒比海岛上的树脂粘住了。由于琥珀质地透明，人们能够清晰地看到蝴蝶的所有细节。它们看上去仿佛随时可以飞走！

珀耳塞福涅蛱蝶

这种蝴蝶的化石极为罕见。蝴蝶化石能成为真正的无价之宝，固然有其外观美丽这个因素，但最重要的原因是它们能够为科学家提供宝贵的信息。这是现存最有名、最珍贵的化石之一。其中的蝴蝶属珀耳塞福涅蛱蝶，生活在距今约 3500 万年前，死后被掩埋入地下并变为化石。这是在北美洲发现的第一块蝴蝶化石。

在放大镜下仔细看看

蝴蝶近看是什么样子呢？跟所有昆虫一样，它们有六条腿，尽管有些蝴蝶的两条前腿非常细小。

它们也有四片翅膀，身体分为头部、胸部和腹部。

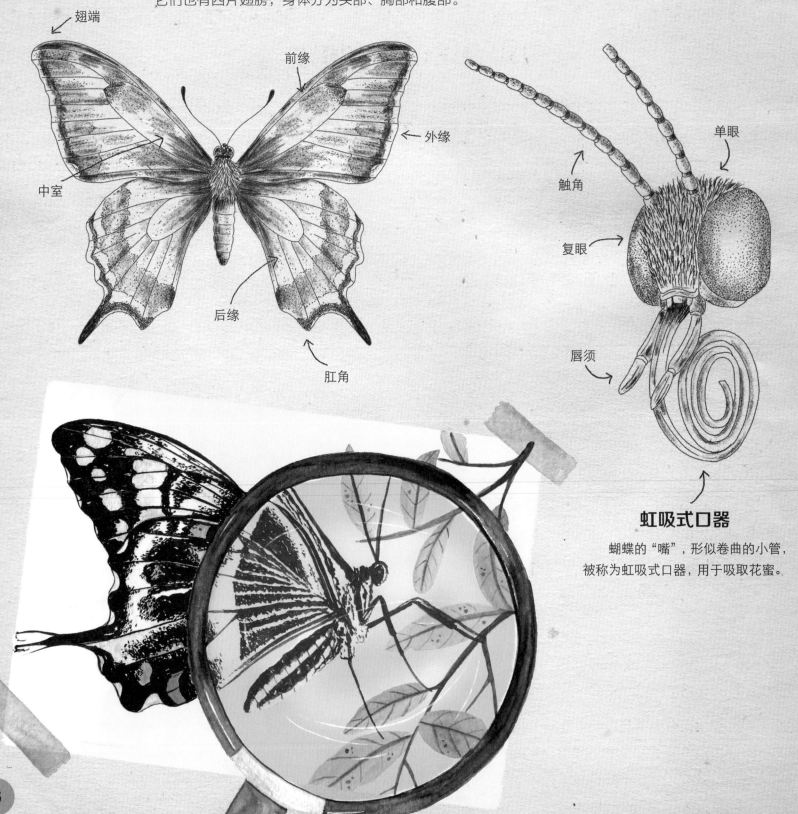

翅端

前缘

外缘

中室

后缘

肛角

触角

单眼

复眼

唇须

虹吸式口器

蝴蝶的"嘴"，形似卷曲的小管，被称为虹吸式口器，用于吸取花蜜。

前翅

触角

虹吸式口器

胸部

足部

腹部

后翅

核桃美舟蛾

它看上去就像一片卷曲的枯叶，但这只是翅膀图案所产生的光学效果，其实它的翅膀是平的。

白钩蛱蝶

它的翅膀呈棕色，边缘参差不齐，酷似一片橡树叶。它停下来时一动不动，还会把触角藏在翅膀之间。

蛤蟆蛱蝶

它会停在树干上，位置不高，翅膀张开，总是俯视地面。其颜色与树皮融为一体。

尺蠖（尺蛾幼虫）

一旦感觉到危险，它就会完全直立起来，你几乎没法将它与小树枝区别开。类似的尺蛾幼虫有数千种，颜色多为棕色、绿色或灰色。

暮眼蝶

它和其他很多同属眼蝶亚科的蝴蝶一样，翅膀呈棕色。当它们折叠翅膀停在地上时，便仿佛消失在了树叶或石头中间。

伪装大师

　　快躲起来！容易被发现的蝴蝶会被捕食者吃掉，因此，与环境相似度越高的蝴蝶，存活下来的概率就越大。经过数百万年的自然选择和进化……有些蝴蝶成了真正的伪装大师！

　　它们是怎么做的？如果仔细观察，你会发现颜色低调很重要，但关键之处在于每种蝴蝶在模仿树干、叶子、地衣时所选的位置……

枯叶蛱蝶

它把翅膀相叠的时候，像极了一片叶子。它常常停在枯叶中、树干上或树枝间，完美地伪装起自己。枯叶蛱蝶有好几种，会模仿不同的叶子。

翠蛱蝶幼虫

它总是停留在叶片中央，利用清晰的身体线条模仿叶片的主脉。

绿尺蛾

尺蛾科的飞蛾张开翅膀停下时便能与背景融为一体：绿色的尺蛾停在叶子上，棕色的尺蛾停在树干上，白色和灰色的尺蛾停在石头和地衣上。

绡眼蝶

它的翅膀是透明的，因为上面的许多鳞片已经细小到近乎不可见。它生活在光线昏暗的热带雨林中，在那儿人们几乎看不见它。

鳞翅目：蝴蝶和飞蛾

蝴蝶和飞蛾构成了一种独特的昆虫群体，合称鳞翅目。蝴蝶白天活动，它们通常颜色鲜艳，触角前端粗大。

飞蛾一般在夜间活动，颜色单调，但并不是所有的飞蛾都是这样。有些飞蛾在白天很活跃，还可以像蝴蝶一样色彩斑斓。它们的触角有两种类型：线状或羽毛状。

你知道研究蝴蝶和飞蛾的科学家们被称作什么吗？他们被称作鳞翅目昆虫学家。

飞舞吧！

我们都知道蝴蝶会飞，可是……你知道它们会用三种不同的方式飞行吗？

拍打式飞行

大多数蝴蝶飞行时的
振翅频率约为每秒 5 次。

振动式飞行

有一些飞蛾飞行时的振翅频率高达每秒 45
次。抬起手臂试一试，你就会明白那是有多快
了。它们的翅膀又长又窄，看上去就像蜂鸟。
这些飞蛾会旋转，能在空中悬停，飞行速度远
超同类。然而，这种飞行方式极耗能量，因此
它们必须频繁访花以补充花蜜。

世界真奇妙

有些雌蛾没有翅膀或者翅膀小到飞不起来。它们会静静等待雄蛾上门与之交配，并将卵产在它们在幼虫形态时生活过的同一株植物上。

滑翔式飞行

翅膀较大的蝴蝶或飞蛾可以随风滑翔，几乎不需要振翅。这样一来，它们便无须耗能。

生存伪装

并不是所有的蝴蝶都通过躲藏来避免自己被吃掉。有些种类的蝴蝶会将自己伪装成危险动物：毒蛇、胡蜂或大眼睛的猫头鹰。另一些蝴蝶则引导捕食者攻击翅膀末端的假头，从而使自己能成功脱逃。

拟 态

这是一种伪装成其他种类的蝴蝶的策略，通常是伪装成鸟类不会捕食的有毒蝴蝶。

猫头鹰环蝶

也被称作猫头鹰蝶，你能猜到原因吗？这种蝴蝶体形巨大，翅膀上的大眼斑看起来就像猫头鹰的眼睛，把小型掠食者们吓坏了。老鼠、小鸟和蜥蜴们一见到它就会逃走！

孔雀天蚕蛾

它的后翅上有巨大的眼斑：像眼睛一样的圆斑。这些眼斑平时会被隐藏起来，只在危急时刻才会亮相。

冠蓝鸦

这是一只冠蓝鸦，喜欢吃蝴蝶和毛毛虫。为了调查蝴蝶如何利用形状和颜色欺骗捕食者，生物学家们便用驯养的冠蓝鸦做实验。实验表明，冠蓝鸦眼前的这只帝王蝶味道很差，冠蓝鸦吃了它会呕吐，此后它就再也不会吃同种颜色的蝴蝶了。

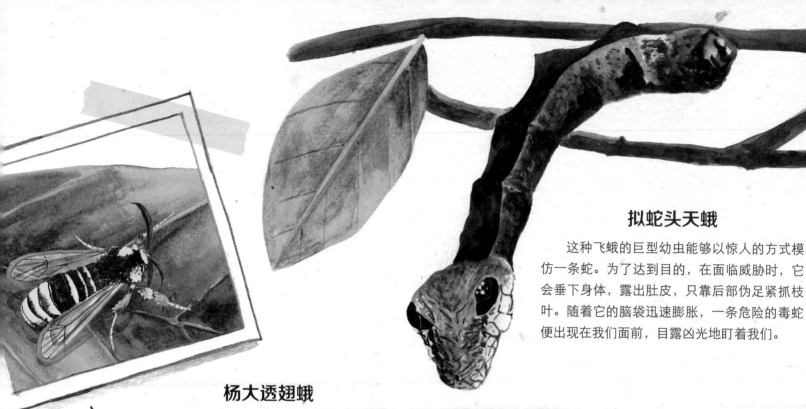

拟蛇头天蛾

这种飞蛾的巨型幼虫能够以惊人的方式模仿一条蛇。为了达到目的，在面临威胁时，它会垂下身体，露出肚皮，只靠后部伪足紧抓枝叶。随着它的脑袋迅速膨胀，一条危险的毒蛇便出现在我们面前，目露凶光地盯着我们。

杨大透翅蛾

透翅蛾科的飞蛾极善模仿蜇人很疼的胡蜂。它们身上的黄黑色条纹和细长的透明翅膀几乎完美地模仿了胡蜂。

凤蝶科幼虫

很多凤蝶的幼虫都会伪装成恶心的鸟粪。这东西搁到树叶上，谁见了都不想碰……更别提吃进嘴里！等体形大到不再像鸟粪时，它们便会改变颜色和生存策略。图片左上方是一只幼虫，右下方则是一颗真正的鸟粪。

线灰蝶

许多线灰蝶的翅膀末端都有斑点、花纹和小尾突。事实证明，这些都是它们用来欺骗捕食者的手段。通常情况下，鸟类和蜥蜴会攻击蝴蝶的头部。但如果蝶翅末端有花纹、亮光、眼状斑和貌似触角的小尾突，捕食者们便会转而攻击翅尾。蝶翅这个部位极易折断，不过就算线灰蝶被折断了翅尾，也能在逃脱后继续存活。

蝴蝶的超能力

你知道蝴蝶有超能力吗？除了我们能看到的东西，它们的眼睛还能捕捉到紫外线，因此它们比我们能看到更多的颜色。例如，它们眼中的彩虹更宽，彩虹的蓝色带旁边还有一些我们看不到的颜色。

蝴蝶和飞蛾的触角主要分为三种类型。蝴蝶的触角是笔直的，末梢粗大，而大多数飞蛾的触角则纤细如丝。还有一些雄性飞蛾的触角呈羽毛状，用来在夜间探测同类雌性的气味。

雌蛾
丝状触角

雄蛾
羽状触角

蝴蝶
末梢粗大的棒状触角

人类眼中的一朵花

蝴蝶眼中的同一朵花

我们眼中的白花或黄花上，有着蝴蝶才可以看到的斑点和图案。因此，每种蝴蝶只会光顾它最喜爱的那一类花。在蝴蝶看来，人类的视野想必十分乏味。

16

蝴蝶能感受到气压，从而知道接下来会是好天气，还是会有暴风雨。它们还能感知到磁场。它们依靠这种能力便能知道北方在哪里，从而在迁飞中确定自己的方向。

蝴蝶的眼睛能看见我们看不见的颜色。

蝴蝶还有惊人的嗅觉。它们的"鼻子"遍布全身：触角、足部、腹部末端……如此一来，它们便能嗅出植物的味道，选出最适合产卵的那一株。嗅觉还能帮助它们在同类中找到伴侣繁衍后代。

17

3. 美洲的小红蛱蝶会从加拿大迁飞至墨西哥过冬。

迁飞的蝴蝶

跟鸟类和其他动物一样，有些蝴蝶也会迁飞。当天气太冷、太热或食物匮乏时，它们便会飞往更理想的栖息地。每一年，同一种蝴蝶都会重复同样的迁飞路线。

1. 小红蛱蝶的迁飞是最令人感到不可思议的。它们几乎遍布全球，每年夏天都有数百万只在北欧出生，它们飞越撒哈拉沙漠，最后在非洲大草原的狮子中间繁衍后代。当那里的植物干枯时，它们的子孙便会飞回欧洲。

2. 生活在亚洲的小红蛱蝶，会从西伯利亚迁飞至印度和中国南部，途中翻越喜马拉雅山脉，飞行高度可达数千米。

它们是如何知道路线、辨别方向的？

这是科学家们仍在试图解开的谜团。一个十分惊人的事实已经被人们发现：蝴蝶的体内有一个"指南针"，因此它们总能"感知到"北方在哪里。

19

白女巫巨夜蛾
南美洲
32 厘米

蝴蝶和飞蛾创下的纪录

世界上最大的蝴蝶是来自巴布亚新几内亚的亚历山大鸟翼凤蝶。雌蝶比雄蝶还要大，翼展可达 28 厘米。它们飞行时像鸟一样，学名中的 *Ornithoptera* 意思就是"鸟的翅膀"。世界上最大的飞蛾是来自南美洲的白女巫巨夜蛾，翼展可达 32 厘米，虽然体重可能不及其他蛾类。

亚历山大鸟翼凤蝶
巴布亚新几内亚
28 厘米

渺灰蝶
阿富汗
2 厘米

世界上最小的蝴蝶是渺灰蝶，这是一种来自阿富汗的非常稀有的种类，翼展约 2 厘米。世界上最小的飞蛾来自微蛾科，体形十分迷你。最小的飞蛾翼展还不到 3 毫米！你得拿一个放大镜才能看到它们。

微蛾科

20

0.3 cm   2 cm

飞得最快的蝴蝶和飞蛾

飞得最快的蝴蝶来自弄蝶科，而飞得最快的飞蛾来自天蛾科。它们以每小时 60 千米的速度打了个平手，几乎跟马一样快。

100 千米 / 时

60 千米 / 时

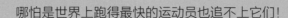

哪怕是世界上跑得最快的运动员也追不上它们！

44.72 千米 / 时

最能飞的蝴蝶和飞蛾

世界上迁飞距离最长的蝴蝶是小红蛱蝶。每年都有数以百万计的小红蛱蝶从热带非洲飞至极地……然后返回，全程 12000 千米。它们沿途繁殖和死亡，整个旅程在六到十代蝴蝶间完成。但一只蝴蝶在其短暂的生命中也能飞很远：借助风的力量，它可以飞完 4000 千米。

20 cm   32 cm

成年蝴蝶通常用口器吸食花蜜。但它们也会吸食成熟的水果、树干的汁液或蜂巢中的蜜。

蝴蝶吃什么？

蝴蝶幼虫通常吃植物的叶子，不过它们很挑剔：每种幼虫只吃某些特定的植物。例如，有些只吃花朵、水果、木头……有少数种类是肉食性的，会吃其他昆虫。还有一些食同类的幼虫——会吃掉它们的兄弟姐妹！

世界真奇妙

有些飞蛾没有口器，从不吃东西。它们靠在幼虫时期储备的养分为生。

雄性蝴蝶会大量聚集在潮湿的土壤上以获取矿物盐，也会从动物的尿液、粪便，甚至尸体中获取这些矿物盐。如果一只蝴蝶停在你的手臂上……那它只是为了吸你的汗水！它们就好这一口。

一个爱情故事

蝴蝶和飞蛾的成虫通常只能活几周，它们的使命就是繁殖。

在短暂的生命里，它们会繁殖很多后代，有时甚至达到数百个！

它们繁殖后代的第一步就是找到同类配偶。蝴蝶和飞蛾的种类那么多，要做到这一点并不容易。雄性蝴蝶会利用颜色来寻觅可能的配偶，然后由雌性蝴蝶做出决定。雌性通常会用触角闻雄性的气味，来判断对方是否合适。有些种类的蝴蝶的交配仪式看上去像静止在某处，或停在半空中，或像在跳舞。

所有蝴蝶在进行交配时都是采用腹部末端相连、分别朝向两边的姿势，它们可以保持这样的姿势长达数小时。蝴蝶交配时通常很安静，但如果你靠得太近，它们会害怕。你会发现，有很多蝴蝶可以一边飞翔一边交配。

你知道吗……?

信息素是蝴蝶和其他动物用来吸引和征服伴侣的气味。

飞蛾是如何在夜晚找到伴侣的呢？雄性飞蛾拥有羽毛状的触角，甚至可以探测到一千米外的雌性飞蛾的气味。每种飞蛾都有一种特定的气味，夜晚的空气中充满了我们闻不到的气味。

卵

所有的蝴蝶和飞蛾都会产卵，在某些情况下，幼虫会在雌性体内孵化。

在放大镜下，你会发现每种卵的形状和颜色都各不相同。有些卵看起来就像一颗颗小宝石。

此外，这些卵的壳非常神奇，因为它们不仅可以防止里面的幼虫在炎热时被烤干或在下雨时被淋湿，还能使空气自由流通，使幼虫能呼吸。

一生的四个阶段

你知道吗？所有的蝴蝶都会经历四个完全不同的生命阶段：卵、幼虫、蛹和成虫。整个生命过程可以持续一个月到好几年。

卵的颜色会随着时间的推移而改变，在幼虫孵化前夕，卵壳会变透明，人们便能看到里面的小小幼虫。

蝴蝶的幼虫

幼虫的使命只有一个：长大。而且它们长得飞快！它们非常饥饿，通常吃植物。它们的身体很长，有一个大脑袋和用于咀嚼的强壮下颚。脑袋附近有六条胸足，身体的其他部位还有一些带小钩的腹足，用来抓牢物体和行进。

但是蝴蝶幼虫有无数想要吃掉它们的天敌，因此，许多幼虫会用惊人的形状和颜色来误导或吓跑捕食者。在这里，你们能看到一些非常奇异的幼虫。

蛹

当蝴蝶幼虫长到足够大时，它们就会停止进食并找一个安静的地方化蛹。它们会挂在树枝上或钻到地底下。有些飞蛾，比如蚕，会在自己周身结茧以保护自己。

蛹通常是棕色或绿色，以便与周围的环境融为一体，不过也有一些是金色或银色。

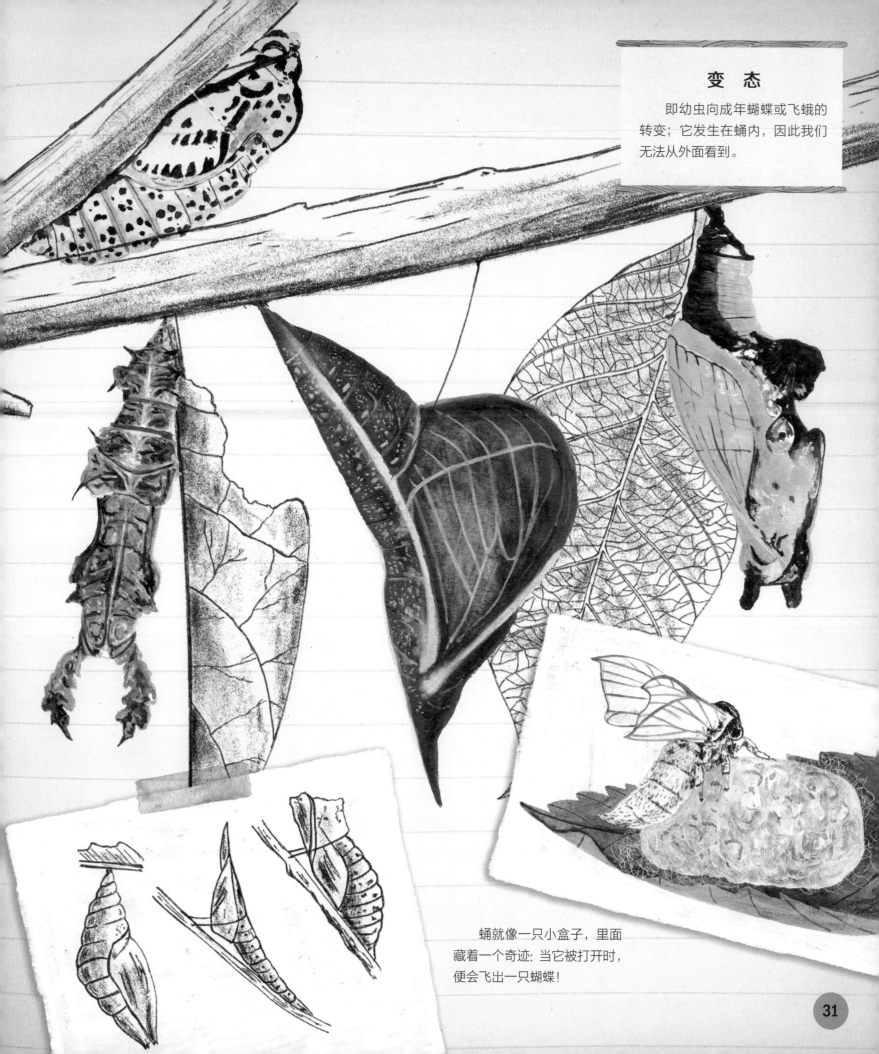

即幼虫向成年蝴蝶或飞蛾的转变；它发生在蛹内，因此我们无法从外面看到。

蛹就像一只小盒子，里面藏着一个奇迹：当它被打开时，便会飞出一只蝴蝶！

31

天冷时蝴蝶在哪里?

大多数蝴蝶以卵、幼虫或蛹的形态越冬。藏在雪下的它们看似死去，实际上却是在等待来年春天重获生机。一些幼虫会用丝连成大片的丝巢，以躲在其中来保护自己。

有些蝴蝶以成虫的形态越冬，它们会躲在洞穴或植物中。在阳光明媚的日子里，这些勇敢的蝴蝶会醒来，飞出去取暖和吸食花蜜。

蝴蝶喜欢在温暖的晴天飞翔。如果下雨，它们会原地不动，且丝毫不受影响，因为它们的翅膀防水。很多蝴蝶跟其他昆虫一样，在感觉到寒冬来临时能即刻陷入沉睡，如此一来，便能抵抗冰冻严寒。

滞育

即不活动期，处于滞育期的蝴蝶看上去就像在睡觉。
如此一来，它便能抵御温度极低的冬天和温度极高的夏天。

惊人的多样性

蝴蝶和飞蛾的形状与颜色种类极多。全世界已知的种类约有 20 万种！科学家们每年都会发现新种。

各大洲都能发现它们的踪影，除了南极洲，因为那里太冷，也没有它们需要的花朵。

1. 菊黄花粉蝶（北美洲）2. 马达加斯加金燕蛾（马达加斯加）3. 宽白带琉璃小灰蝶（欧洲）
4. 大尾大蚕蛾（亚洲）5. 红黑斑鹿蛾（非洲）6. 血漪蛱蝶（非洲）

7. 玫瑰绡眼蝶（南美洲）8. 赭带鬼脸天蛾（欧洲和非洲）9. 长尾松蚬蝶（南美洲）
10. 黄点鸟翼凤蝶（印度尼西亚）11. 红带袖蝶（中美洲和北美洲）12. 网丝蛱蝶（亚洲）

蝴蝶很重要

蝴蝶不仅漂亮有趣，而且非常重要。没有它们，自然界的微妙平衡将被打破。蝴蝶在生态系统中的功能如下：

它们是许多动物的食物。大量鸟类、爬行动物、小型哺乳动物和其他昆虫都以它们为食。例如，蝙蝠最喜欢吃飞蛾。没有蝴蝶和飞蛾，这些动物中的许多物种都会消失。

它们吃植物。蝴蝶和飞蛾的幼虫会贪婪地啃食植物，从而控制植物的生长。如果幼虫消失了，一些植物就会因为长得太快而成为灾害，并挤占其他植物的生存空间。

它们为花朵授粉。它们将花粉从一朵花传到另一朵花，从而帮助植物传粉和繁殖。没有了蝴蝶，许多植物便会消失。

拯救蝴蝶

世界各地的蝴蝶正在逐渐消失。它们的数量越来越少，有些种类已经灭绝。你想拯救它们吗？

以下是它们面临的威胁，以及你能做的事：

农　药

田间使用的杀虫剂会杀死蝴蝶。请选择那些不使用杀虫剂且有利于环境保护的有机产品。

气候变化

全球气候变暖正在杀死那些已适应寒冷气候的山区蝴蝶，也会使其他地区的蝴蝶死于干旱。气候之所以发生变化，是因为我们使用了大量的汽油和石油，所以请不要浪费能源：

1. 请关掉不用的电器。

2. 请尽量使用公共交通工具、骑自行车或步行。

3. 请在你家附近的商店购物，这样就可以减少使用交通工具。

失去栖息地

蝴蝶正在失去它们的栖息地，其中最主要的是花田。请在你的花园、阳台或窗口种花，通过这样的方式给蝴蝶提供食物。让蝴蝶的幼虫吃你植物的叶子，并借此机会研究它们。这样一来，你将在家里拥有一个小型生态系统！

词汇表

生物学家： 研究生物的科学家。

气候变化： 近年来，全球普遍发生了气温升高、干旱、风暴增强和海平面上升。之所以出现这些现象，至少有一部分是因为人类活动产生的气体改变了大气层。结果，包括蝴蝶在内的一些动植物种群和物种逐渐走向灭绝。

蛹： 蝴蝶与蛾生命周期的第三阶段，此时的它们逐渐褪去幼虫形态，一动不动，并在经历巨大变化之后，羽化为成虫。这个过程有时是在茧里完成的。

生态系统： 在某个特定的空间内共同存在且相互影响的生物与环境所构成的统一整体。

鳞粉： 覆盖在蝴蝶翅膀上的短小扁平的彩色绒毛。

物种： 一群外形相似且可以交配并繁殖后代的个体，但它们不能与其他物种的个体交配繁殖。

进化： 物种在世代之间逐渐发生变化并适应环境的过程。其主要机制之一是自然选择，因此，能够存活下来并交配繁殖的，是那些通过基因遗传将其特征传递给下一代的个体。

科： 一群相互关联且外形相似的物种。也常用于指一群亲缘关系相近的物种，两者不可混淆。

栖息地：某个物种的居住场所，也指拥有该物种生存必备条件的环境。就蝴蝶而言，一些蝴蝶生活在鲜花盛开的草地上，还有一些生活在森林、沙漠，甚至是城市中的公园或花园里。

卵：蝴蝶生命周期的第一阶段。它们个头很小，形状和颜色各异。它们通常由雌性蝴蝶产在幼虫会吃的植物上。

迁飞：迫使某些蝴蝶和许多其他动物进行超远距离迁徙的生存策略。迁飞的原因可能有很多，但最主要的是交配和觅食，以及躲避恶劣的气候条件。

幼虫：蝴蝶与蛾生命周期的第二阶段，从卵中孵出后，幼虫便开始迅速进食和生长。这一阶段的幼虫没有翅膀，体形类似蠕虫。

杀虫剂：田间使用的化学品，可以杀死以农作物为食的昆虫，但也能杀死许多其他昆虫。

紫外线：人类不可见的一种光波，但某些动物，例如蝴蝶，能够感知到。